AF391957

أخلاقيّات المياه
المبادئ والخطوط التوجيهيّة

Water Ethics: Principles and Guidelines

سياسات غلوب إتكس

Globethics Policy

النص رقم ٦

سياسات غلوب إتكس
المدير التنفيذي: الدكتور فادي ضو
عميدة الدراسات الأكاديمية: الدكتورة آميل آدامافي-إكويه
المحرر الإداري: الدكتور إغناس هاز
مساعد المحرر: السيد جاكوب بيلمان كويرو
صادق مجلس إدارة غلوب إتكس على النصّ في شهر آب/أغسطس 2019
نصوص غلوب إتكس

Globethics Policy Texts
أخلاقيات المياه: المبادئ والخطوط التوجيهية
جنيف: منشورات غلوب إتكس، 2019
ISBN 978-2-88931-550-5 (النسخة الرقمية)
ISBN 978-2-88931-551-2 (النسخة المطبوعة)
DOI : 10.58863/20.500.12424/4297753
© Globethics Publications 2023

المحرر: إغناس هاز
مساعد المحرّر: جاكوب بيلمان كويرو
الترجمة إلى العربية: وليد فرشيشي
مراجعة الترجمة الى اللغة العربية: فاطمة عجرود

منظمة غلوب إتيكس
150 طريق فيرني
1211 جنيف 2، سويسرا
الموقع الكتروني: www.globethics.net/publications
البريد الإلكتروني: publications@globethics.net
تم التحقق من جميع الروابط الرقمية اعتباراً من سبتمبر 2019.
يمكن تنزيل النسخة الرقمية من هذا الكتاب مجانًا من موقع منظمة غلوب إتكس:
www.globethics.net

فهرس

توطئة عامة

في البداية نريد أن نشير إلى أنه قد تمت صياغة الخطوط التوجيهية ومبادئ أخلاقيات المياه من قبل جمعيّة "ورشة العمل من أجل أخلاقيّات المياه"، وهي جمعيّة يقع مقرّها في جنيف، وذلك تحت إشراف الدكتور بينوا جيراردين، قبل أن يجري عرض صياغتها النهائية على منظمة غلوب إتكس (Globethics) التي تولّت بعد ذلك توزيع النصّ بوصفه وثيقة عمل على أعضائها وشركائها.

وبفضل ما تلقّته المنظمة من تعليقات الخبراء الميدانيين، أعيد العمل على النصّ وتعميقه والتوسّع فيه وإثرائه إلى حدّ بعيدٍ.

وبهذا الخصوص، نخصُّ بالشكر، على سبيل الذكر لا الحصر، كلّاً من أعضاء ورشة العمل من أجل أخلاقيّات المياه (د. إيفلين فيشتر وايدمان، ود. غاري فاتشيكوراس، ود. آني باليت، ود. لورانس-إيزالين ستال غرايتش، ود. كريستوف ستوكي) إضافة إلى د. إينياس هاز، والبروفيسور إيمانويل أنساه، والبروفيسور سوزان ليا سميث، والبروفيسور كريستوف ستوكيلبرغر، والشبكة المسكونيّة للمياه (Ecumenical Water Network) والسيد ريتشارد هيلمر (الخبير السابق لدى إدارة الصحة البيئية التابعة لمنظمة الصحة العالمية)، ومنظمة خبز للعالم (Bread for the World) ومنظمة رواد المياه (Waterpreneurs)، واللجنة الدولية للصليب الأحمر (CICR)، ورابطة التعلم (Commonwealth of Learning).

وقد تولّى مؤلف الوثيقة الأصليّ توحيد النصّ الختاميّ فضلاً عن ترجمته إلى اللغة الفرنسيّة. وقد صادق مجلس إدارة Globethics عليه في شهر آب/أغسطس من العام 2019.

أ

مقدّمة

تعدُّ المياه ضروريّة لجميع أشكال الحياة، فهي مفتاح كلّ حياة كريمة وشرطٌ تقوم عليه حقوق الإنسان كافة، إذ لا سبيل إلى تحقيق أيّ حقّ من هذه الحقوق في غياب المياه والغذاء. وهو يمثل بذلك حاجة حيويّة تشتركُ فيها الكائناتُ جميعاً، من بشرٍ وحيوانٍ ونباتٍ، بما في ذلك الغلاف الجوي.

وقد صدرت في شأن المياه العديدُ من الإعلانات الدوليّة، نذكرُ من بينها المادتين 3 و25 من الإعلان العالمي لحقوق الإنسان (1948) والمادة 11 من العهد الدولي الخاص بالحقوق الاقتصادية والاجتماعية والثقافية (1966) والمادة 6 من العهد الدولي الخاص بالحقوق المدنية والسياسية (1966) وخطّة عمل مار دل بلاتـــا التي صيغت في عام 1977 خلال مؤتمر الأمم المتحدة للمياه، ومبادئ دبلن التي صيغت في عام 1992 خلال مؤتمر الأمم المتحدة الدولي للمياه والتنمية المستدامة، والتعليق العام رقم 15- المادة رقم 1، الصادر عن المجلس الاقتصادي والاجتماعي للأمم المتحدة في عام 2002، والقرار عدد 292/64 الذي اعتمدته الجمعيّة العامة للأمم المتحدة في شهر تموز/يوليو 2010 والذي نصّ على حقّ الحصول على مياه الشرب المأمونة والنظيفة وخدمات الصرف الصحي. وعلاوة على ذلك فإنّ توفير المياه للجميع يعدُّ أحد أهمّ أهداف الأمم المتحدة للتنمية المستدامة (الهدف 6).

وكانت وكالات أخرى تابعة للأمم المتحدة قد أصدرت بدورها إعلانات بخصوص المياه، نذكر من بينها منظمة الصحة العالمية، ومنظمة الأمم المتحدة للطفولة (اليونيسيف)، ومنظمة الأغذية والزراعة (مبادئ منظمة الأغذية والزراعة التوجيهية الطوعية بشأن الحق في الغذاء 2005)، ومنظمة الأمم المتحدة للتربية والعلم والثقافة (اليونسكو)، هذا دون أن ننسى إعلان المياه من أجل الحياة الصادر عن الشبكة المسكونيّة للمياه التابعة لمجلس الكنائس العالمي، والإعلان المسكوني السويسري البرازيلي الصادر في العام 2005.

وتهدف منظمة غلوب إتكس إلى استكمال هذه الإعلانات الدولية وتعميقها من خلال تسليط الضوء على الاعتبارات الأخلاقية المتعلقة بالمياه وتوسيعها لتشمل الأبعاد العملية للتصرف فيها واستخدامها.

حيث ستساهم غلوب إتكس من خلال تركيز اهتمامها على الاخلاق في التعليم العالي في صياغة خطابٍ حول المياه بوصفه موضوعاً متعدّد التخصصات يؤثّر على حياة الجميع، طلّاباً ومدرّسين وإداريّين.

إنّ الاعتبارات الأخلاقيّة المتعلقّة باستخدامات المياه والتصرّف فيها تشكّلُ موضوعاً للتدريس والبحث في عدد من الكلّيات المختلفة، من الزراعة إلى البيئة، ومن الهندسة المعمارية، والإسكان إلى التخطيط العمرانيّ، ومن الأنثروبولوجيا، وعلوم الأديان، إلى العلوم السياسية والاقتصادية. وفضلاً عن ذلك، فإنّ موضوع المياه مدرجٌ فيما تقدّمه أكاديمية غلوب إتكس عن بعدٍ من دروسٍ حول الاستدامة وموضوعات أخرى، وهو بذلك مدرجٌ فيما توفّره مكتبتها من مواردَ وفي سلسلة نشريّاتها أيضاً.

إنّ استخداماً مستداماً للموارد المائية، محلّيًا أو إقليميًّا أو دوليًّا، يفترضُ من المستخدمين سواء كانوا أفراداً أو أسراً أو سلطات عامة أو قطاعاً خاصاً أو صنّاع قرارٍ سياسيّ، التحلّي بمسؤوليّة هي، في الآن نفسه، مسؤولية تفاضليّة وتكاملية.

ب

قضايا المياه المتواترة: الحالات والتحدّيات

١. انتشار الوعي لدى مختلف أصناف المستخدمين

لطالما كانت موارد مياه الشرب محدودة، وشحيحة في بعض الأماكن. وفضلاً عن ذلك، فهي غالباً ما تكون موزّعة على نحوٍ غير متساوٍ ولا يُنفذُ إليها على نحوٍ عادلٍ. والحقّ أنّ الوعي بوجود محدوديّة عامّة في فرص الحصول على المياه ما انفكّ في الانتشار، فقد باتت أعدادٌ متزايدة من المستخدمين تدركُ أنّنا سوف نصلُ قريباً إلى وضعٍ تصبحُ فيه فرص الحصول على المياه الصالحة للشراب محدودة وأننا سوف نواجهُ تحديّات مرتبطة بتأثيرات المياه الملوّثة على الصحة وأنّنا سوف نجدُ أنفسنا أمام تراجعٍ حادّ في منسوب مجاري المياه بحيثُ يتعذرّ علينا الاستمرارُ في الاعتقاد، ناهيك عن الادعاء أن مجموع الموارد المائية هو ببساطة متاح لكلّ من يرغب في استخدامها. ومن شان هذا الوعي أن يؤثر على جميع المستخدمين، والأفراد، والأسر، والسلطات المحلية والإقليمية، والمقيمين في التجمعات المائية، والمزارعين والصناعيين، والجهات الفاعلة في القطاع الخاص، فضلاً عن الدول والمجتمع الدولي بشكل عام.

٢. في شموليّتي المسؤولية والتضامن

يجمع استخدام المياه بين المقيمين بالقرب من مستجمع المياه نفسه أو المقيمين على أطراف المجرى المائي أو السطح المائي نفسيهما أو مستخدمي المورد المائي نفسه أو البئر نفسها. وينطوي التشارك في استخدام المياه المذكورة على مسؤولية مشتركة تتطلب إرادة سياسية وتضامنا جغرافياً. ومع ذلك، فإن بعض المجتمعات المحلية المتردّدة في التعاون ظلّت ولاتزال تتجاهل مسؤوليتها وحتمية التضامن إلى حد هذا اليوم.

٣. التطوّر التاريخي

تطوّر استخدام المياه على مرّ القرون، سواء في أعقاب ما سبّبه التغيّر المناخيّ في الماضي البعيد من موجات جفافٍ، أو في أعقاب أنشطة التصنيع والزراعة المكثفة والتوسّع الحضري المتسارع

في وقتنا الحالي. وكان من شأن إنشاء العوائق والسدود الحامية أن أدّى إلى التخفيف من حدة الفياضات وموجات الجفاف ونقص المياه. وقد افضت الكوارث المرتبطة بالفيضانات والجفاف والتلوّث الحاجة إلى إدارة مثلى لموارد المياه وإلى تنظيم التدفّقات المائيّة وإلى إعداد العدّة تحسّباً من الكوارث المتعلّقة بالمياه. ومع ذلك، فإنّ ما اتخذ من تدابير وما أنجز من تدخّلات للتخفيف من الجوائح المرتبطة بالمياه، يبدو غير كافٍ بالمرّة وقد يعود السبب في تأخّر وضع تلك التدابير موضع التنفيذ إلى عدم توفّر الإمكانيّات.

٤. التباين على مستوى العقليات: الهدر والجهل

تعودُ بعض المشاكل المتواترة، في علاقتها بقضية المياه، إلى ما شكّلتهُ التقاليد والقيم الثقافية وتمثّلات حالات شحّ المياه الظرفية، في الوسطين الريفي والحضري، من عقليّات. وهذه العقليّات تتكيّف على نحوٍ سيء مع السياق الحالي، المتعلق بالتزوّد بالمياه من خلال الشبكات والأنابيب والصنابير والضغط الثابت، أي، بعبارة أخرى، مع سياق الوفرة النسبية. ويتجلّى ذلك في الإسراف في استخدام مياه الشبكات الحضريّة والإفراط في الريّ في المجال الزراعي والاستهلاك المفرط للمياه في بعض الصناعات، مع غياب الوعي الكافي بأنّ كلّ استهلاكٍ للماء يستوجبُ ضرورةً إعادة معالجته. وفضلاً عن ذلك، فإنّ بعض النماذج الاجتماعية القديمة ما تزال تعهدُ إلى الآن بمهامٍ شاقّة كجلب المياه والتموين والطهي والغسيل للنساء في حين ينصرف الرّجالُ إلى الملاحة وصيد الأسماك والريّ.

٥. التعقيدات والهشاشة، التعريض والعطوبيّة

أصبح واضحاً اليوم أنّ المياه تعدّ جزءاً من نظامٍ معقّدٍ للغاية، وإن كان هشًّا نسبيًّا في الآن نفسه، كما بات هنالك فهمٌ أفضل لضرورة أن ينظر إلى دورات المياه في كليّتها، من المنبع إلى المصبّ، ومن عمليّة الاستخراج، أكان ذلك من المصادر العادية أو من الطبقات الجوفيّة، إلى عمليّة معالجة المياه المستعملة أو تلك الملوّثة. ونظراً لما ينجّر عن تلوّث المياه من عواقب وخيمة، كنقل العوامل المسبّبة للأمراض أو نشر الجسيمات الملوّثة أو جسيمات البلاستيك الدقيقة، وبذلك يتضح مفهوم أهمية المياه في السلسلة الغذائية بشكل أفضل مما كانت عليه في الماضي

٦. الإفراط في استغلال الموارد المائية والجهود المبذولة للحد منه

أدّى تزايد الطلب على المياه بسبب النموّ العمراني والنمو الديمغرافي والزراعة المكثّفة والصناعة وإنتاج الطاقة الكهرومائية، فضلاً عن استخدامات المياه الأخرى، إلى الضغط بشدّةٍ على الموارد.

على أنّ هذا قد يؤدّي إلى تثمينٍ أفضل للمياه بناء على مصدرها، سواء كان مصدرها المياه الجوفية أو المياه السطحية، وسواء كانت مستخرجة من البحيرات أو الأنهار أو المستنقعات أو البحار، أو حتى نتاجاً لعمليّات تحلية مياه البحر، إذ غالبًا ما يستخدم قطاعي الصناعة والزراعة المياه العذبة للتصنيع والري بالرغم من امكانية الاكتفاء بالمياه المستعملة.

٧. الجهود التقنية والاقتصادية المبذولة للحدّ من الإفراط في استغلال المياه

فيما يتعلق باستخدامات موارد المياه، هناك ميل إلى عزل، أو حتّى فصل الاستخدامات الخاصة بمياه الشرب، عن المياه المستخدمة في الاستحمام وتنظيف الملابس والأطباق أو تلك المستخدمة في تنظيف المراحيض، والتبريد، والري، والتدفئة، والنقل وتوليد الكهرباء. وفي هذا الصدد يتعيّنُ تثمينُ عملية استعادة المياه المستخدمة.

٨. الابعاد السياسية والدولية للمياه

أدّت إدارة الموارد المائيّة إلى نشوب نزاعاتٍ متواترة في الماضي، سواء بين أسر القرى نفسها أو بين المقيمين على ضفاف الأنهار والبحيرات نفسها أو بين التجمّعات الريفية أو الحضرية أو المناطق أو الدول الواقعة عند منابع الأنهار أو عند مصباتها.

إنّ احتمالات نشوب نزاعاتٍ بسبب الماء تظلّ عاليةٍ، بل إنّ هناك مراقبون باتوا يتوقعون اليوم أن تجد النزاعات المستقبلية جذورها في الطرائق التي يجري من خلالها إدارة الوصول إلى الموارد المائية. ونحن نشهد اليوم فعلاً اندلاع نزاعات على المياه في عدد من المناطق. وهكذا يتبين لنا أنّ النفاذ إلى المياه له بعد سياسيّ، بالنظر إلى طرق التفاوض بين المستخدمين حول الأولويّات أو طرق فرضها من قبل الجهات الأكثر نفوذاً.

وللمياه أيضًا بعدًا دوليًا لأن العديد من الأنهار ومياه الطبقات الجوفيّة تمرُّ عبر عدّة بلدان، ومن ثمّة، فإنّ قيام دولةٍ بتلويث مصادر مياهها يؤثّر بالضرورة على بقيّة الدول ويتجلى البعدُ الدوليّ أيضاً في التعرية الناجمة عن إزالة الغابات، وتلوّث تيارات المياه والبحار والمحيطات، والاحتباس الحراري وما قد ينتج عنه من ذوبانٍ للجليد، وجميعها عوامل تتجاوز مسؤوليات البلدان المتشاطئة ليشمل المجتمع الدولي برمته.

على الرغم من أنه يمكن بسهولة حساب البصمة المائية على المستوى المحلي، فإن التأثير الواسع النطاق لاستخدام المياه أو سوء استخدامها له أيضًا بعد دولي لا سيّما حين تعمدُ دول تعاني من الإجهاد المائي إلى تصدير منتجات الزراعة أو المواشي، وهي منتجات تحتاجُ، على المستوى المحلّي، إلى كميّات هائلة من المياه، إلى بلدان تتمتّع بوفرة في مواردها المائية. ومن هنا نرى أنّ

مستوى الضرر الناجم عن شحّ المياه لا يكون هو نفسه، في واقع الأمر، بالنظر إلى طبيعة الأراضي والأقاليم. وبهذا الخصوص، لا بدّ من تطوير نظامٍ لا يسمحُ فقط بإعادة التوازن بين الدول وإنّما أيضاً باتخاذ تدابير خاصة تصحيحية على المستوى الدوليّ من أجل ضمان قدر أكبر من الإنصاف.

٩. البعد الديني للمياه

ترى جميع الديانات العالميّة في المياه عنصراً لا غنى عنه، فهي رمز الحياة والانبعاث والطهارة. حيث تستخدمُ في طقوس المعمودية وشعائر الاغتسال والوضوء، وتعدُّ مقدّسة إلى حد ما، ويتجلى ذلك في عددٍ من القصص والأساطير، حيث ترتبط المياه بالحياة أو بالخطر، وكذلك في طقوس التطهير والبركة التي نجدها في الديانات القديمة، كشعائر الاستحمام في نهر الغانج في الديانة الهندوسية، أو طقوس العماد المسيحية أو شعائر الوضوء عند المسلمين قبل الصلاة أو الرشّ في الديانتين اليهودية والسيخية. وفي الديانات الأفريقية التقليدية، غالباً ما تكون مجاري الأنهار والبحيرات مكان إقامة الإله أو الآلهة ونذكر هنا الديانة الهندوسية حيث يجري غمر تماثيل الإله أو الآلهة بالمياه.

ج

القيم والمبادئ الأخلاقية

يجب أن يكون استخدام المياه وتوزيعها وإدارتها ومعالجتها وإعادة تدويرها مستنداً إلى القيم والمبادئ. وكما تشكّل المياه حاجة مشتركة لجميع البشر ولجميع أشكال الحياة من نبات وحيوان والغلاف الجوي، فإن أخلاقيات المياه جزء من الأخلاق العالمية العابرة للثقافات والأديان.

١٠. القيم الأخلاقية

يجب أن تتأسس أخلاقيات المياه على قيمٍ مثل **الإنصاف**[1] (أي يجب توفير المياه، بوصفها حاجة أساسيّة، على نحوٍ عادلٍ، محايدٍ وشاملٍ) و**المساواة** (من خلال توفير فرص الحصول عليها دون قيود)، و**الحرّية** (حرّية الوصول إليها)، و**المسؤوليّة** (فيما يتعلّق باستخدامها وإعادة تدويرها)، و**الاحترام والشمول والاتحاد** (فيما يتعلّق بتقاسم موارد المياه المحدودة)، و**التضامن والاستدامة** (من خلال المحافظة على حرية الوصول إلى المياه على المدى الطويل)، وغيرها.

وتتقاطعُ أخلاقيّات المياه، على نحوٍ ملموسٍ، مع مجالات أخلاقيّة أخرى مختلفة، نذكر من بينها: أخلاقيات الأعمال، والأخلاقيات السياسية، والأخلاقيات البيئية، وأخلاقيات علوم الأحياء، وأخلاقيات الابتكار، وأخلاقيات التكنولوجيا، والأخلاقيات السبرانية وما إلى ذلك.

١١. المبادئ الأخلاقية

يجب أن تحترم إدارة الموارد المائية جملةً من المبادئ الأخلاقية كالاستدامة والعدالة والمساواة في حقوق الوصول إلى الماء والمسؤولية والتضامن. وتؤطر القيم المذكورة الإدارة السلمية للموارد المائية وتسهّلها، لا سيّما في حالات تضارب المصالح على سبيل المثال، وهو ما من

---

[1] راجع منشورات غلوب إتكس:

Global Ethics for Leadership, Values and Virtues for Life, 2016 (Global Series 13); Christoph Stueckelberger, 2009, Das Menschenrechte auf Nahrung und Wasser. Eine ethische Priorität, Focus Series 1 (Le droit humain à la nourriture et l'eau. Une priorité éthique); Principles on Equality and Inequality for a Sustainable Economy, 2015 (Texts Series 5).

شأنه أن يعزّز الشعور بالأمان ويضمن حقوق الأطراف المتدخّلة على نحو عادلٍ، فضلاً عن استخدام الموارد المذكورة على نحوٍ اقتصاديّ رشيد. ويقومُ تحقيق هذا النوع من الإدارة السلميّة على بعد رئيسيّ، وهو بعد يتجلى في كلّ من الحوكمة ومراعاة احتياجات مختلف المستخدمين.

١١-١-١. مبدأ العدالة في حصول الجميع على الحد الأدنى من المياه الحيوية

يجب على الدول إعطاء الأولوية المطلقة لنفاذ الجماعات إلى الماء الصالح للشراب على غيرها من استخدامات الماء الأخرى وتعدّه أولوية مطلقة، وهو ما يضمنُ قوّة إدارة الموارد المائية وبناها التحتيّة وحسب، وإنّما أيضاً صيانتها على نحوٍ مناسب فضلاً عن التمييز بشكل أفضل بين المياه وفقاً لما إذا كانت صالحة للشرب أم لا. كما يتعيّن عليها أيضاً تعزيز استخدام المياه المستعملة في باقي الاستخدامات إلى حدّ كبير.

كما يجب على السلطات العامة التأكد من أن سعر التزويد بالمياه يستند إلى العدادات المستخدمة بشكل صحيح، وأن تكون في متناول جميع الفئات وبأسعار معقولة، بما في ذلك الفئات الهشة والمهمشين والنساء والأطفال فضلاً عن ضرورة الحرص على عدم وجود تمييز ضد الأقليّات.

١١-٢-١. مبدأ الاستدامة ومسؤولية الحماية

يجب التصرف في المياه وفق مبدأ الاستدامة، وذلك لتجنب الإفراط في استغلال الموارد واستنفادها، بما يتجاوز إمكانيات أي تجديد محتمل وذلك من خلال تنظيم التوزيع وتشغيله على أساس العرض. كما يجب تجنب التلوث وتخفيف أي ضرر ناجم عن الملوثات والتعامل معها بفعالية في حالة الطوارئ القصوى. وتشير الاستدامة أيضًا إلى قدرة الموارد المائية على التجدد، وهو ما يشارُ إليه بمرونة النظم البيئية المائية.

كذلك يتعين تنفيذ إستراتيجيات ومبادرات الاستخدام المزدوج وإعادة التدوير وإعادة الاستخدام على كل افراد المجتمع بمختلف مستوياته. وإحداث هياكل تعنى بالتصرف في المياه ووضع الإستراتيجيات التي تهدف إلى المحافظة على الموارد المائية وحمايتها بطريقة من شانها أن تضمن ديمومتها.

١١-٣-١. مبدأ المساواة في حق الوصول إلى مياه الشرب ومسؤوليّة الحماية

أقرّت الجمعية العامة للأمم المتحدة، ومعها مجلس حقوق الإنسان، بالحقّ في الوصول إلى مياه شربٍ آمنة في العام 2010. بمعنى أنه لا بدّ أن تتاح لجميع البشر، في كلّ مكانٍ، فرصاً متساوية للحصول على مياه شربٍ آمنة.

كما يتعيّن على الحكومات وممثّلي القطاع الخاص والمجتمع المدني ومستخدمي المياه أن يتشاركوا في مسؤولية "ألّا يتخلّف أحد عن الركب"، بمعنى ألّا يجري تجاهل ما قد ينجرّ عن تخلّف صغار المزارعين ومربيّ المواشي وصيّادي الأسماك عن الركب من مخاطر، وهذا ما يستوجب معه وجود مراقبة دائمة مع ضرورة اتخاذ جملة من التدابير التصحيحية التي من شانها أن تحدد شروط تنفيذ ما سلف بيانه، بما في ذلك ترتيبات التصرّف في المياه وعمليّات التحكيم في قضايا توزيع المياه بين المستخدمين.

١١ـ٤. مبدأ الترشيد

ينبغي تشجيع الأفراد والعائلات والأسر والمؤسسات على ترشيد استخدامهم للمياه. وفي هذا الإطار لا بدّ من تطبيق حزمة من الحوافز الاقتصادية والمالية، فضلاً عن أساليب التصرف في الموارد واستعمال الوسائل القادرة على الحد من الإسراف في استخدام المياه، وتشجيع الاستخدام الرّشيد للموارد، والحيلولة دون تحويل الافراط في الاستهلاك إلى خيارٍ جاذب أو قابل للاستمرار. وفي هذا الخضم لا بدّ من تعزيز التغيّرات السلوكيّة، فضلاً عن تطوير المنشآت والمعدات والتكنولوجيات المصممة لتحقيق الاستخدام الأمثل للمياه.

د

أخلاقيات الابتكار: الحلول التي يجب اخذها بعين الاعتبار

١٢. الحلول التقنية

تحسنت في العقود الأخيرة وبدرجة فائقة القدرة على إعادة تدوير المياه الملوثة أو النفايات أو المياه المالحة أو الأجاج إلى حدّ كبير. وأظهرت الابتكارات، خاصة في مجالات أغشية المرشّحات والتأيّن والتناضح المزدوج والأكسجنة وما إلى ذلك نتائجُ واعدة تحتاجُ دون شك إلى تطويرٍ إضافيّ بالإضافة إلى تعميم أبحاثها ومشاركتها.

وتحتاج التقنيات التي تهدف إلى الحفاظ على المياه أو الحد من طلبها في ميداني الزراعة والصناعة الى التحسين المستمر والتمييز بشكل أكثر فعالية بين إمدادات مياه الشرب العذبة والمياه غير الصالحة للشرب ومياه الصرف الصحي.

كما يمكن أن تؤدي تقنيّات الكشف عن التسرّبات في الشبكات والعدّادات المنزلية، مدعومةً بسياسة إعداد فواتير استهلاك على اساس قاعدة الأمتار المكعّبة المستهلكة الى تحسين كفاءة إدارة الموارد المائية الى حد كبير والحدّ من الفساد فيها.

وتعدُّ الابتكارات المستخدمة في الزراعات الأقلّ نهماً للمياه حافزاً للقطاع الزراعي لكي يتكيّف مع كميات المياه المتاحة والتي تتناقص شيئا فشيئا.

ومن المهم أن نستبدل الزراعات التي تتطلّب استهلاكا مكثفا للمياه بمحاصيل أقل استهلاكاً للموارد المائية، كأن نستبدل مثلاً الأرز بالدخن والذرة البيضاء بالذرة الرفيعة. وهو ما يتطلّب القيام بأبحاث إضافيّة بخصوص إمكانيّة زراعتها وكذلك إمكانيّة قبولها من المنتجين والمستهلكين.

١٣. الابتكار العلمي

إنّ قياس البصمة المائية المسحوبة من الموارد والمعالجة محليًا وكذلك قياس البصمة المائية للملكيّات الزراعية، والتي حظيت بكميّات كبيرة من الأمطار ويجري تصدير منتجاتها في إطار تجارة السلع دوليًا بين مناطق لا تتشاركُ مستوى ندرة المياه نفسها، تعدُّ من المسائل التي تحتاجُ إلى بحثٍ معمّق. وهو ما من شأنه أن يتيح توفير الأدوات المناسبة الّتي تمنحُ منطقةً ما بصمةً

ندرة المياه، وهي بصمة يمكنُ تحديدها إمّا على المستوى الوطني وإمّا من خلال المفاوضات الدوليّة.

وهنالك جملة من المعايير ـ وهي معايير تتيحُ تقييم مختلف المطالب المقدّمة من قبل المستخدمين والأطراف المتدخّلة بخصوص عمليّات تحديد حصص المياه المسندة وموازنتها على أساس العدالة والكفاءة والاستدامة والتضامن والشمول ـ يتعيّنُ تحديدها وتفصيلها. وهذا ما ينسحب أيضاً على الطرق التي يُضمن من خلالها قبول جميع الأطراف لمفتاح تحديد حصص المياه المسندة، إذ يتعيّنُ اختبارها وتحليلها وتوثيقها ونشرها.

كما يجب ان تركز البحوث القادمة باطراد على جدوى التغيّرات السلوكيّة وفوائدها الإيجابية، وهو ما من شأنه أن يسّهل مسار تكيّف العادات اليومية والقديمة والحديثة في علاقتها باستخدامات المياه.

١٤. الابتكار المؤسسي

إن مسارات التفاوض الناجحة، والتي تهدف إلى تحقيق توزيع عادل للمياه بين مختلف الأطراف، تحتاج إلى التحليل والتوثيق والمشاركة. ومن الضروري أيضاً أن يجري تحليل طرق تفادي المخاطر وتحديد الحوافز التي تساهمُ في استخدام المياه، على نحو مستدامٍ ورشيدٍ، وأن تُوثّق. وينبغي في هذا الصدد تعميم الممارسات الفضلى، حالما ينتهي التحقّقُ من فاعليتها، وحشد الوسائل المتوفّرة لتطبيق الدروس المستخلصة على نحوٍ مناسب. وفي هذا الصدد تلعب السلطات العامة المسؤولة عن إدارة الموارد المائيّة دوراً حاسماً حيث يتعيّن عليها أن تزيد من شفافيّة مناقصاتها العامة وأن تعزّز آليّات مكافحة الفساد.

١٥. أخلاقيّات الابتكار

يجب أن يتماشى الابتكار مع المسؤولية وأن يكون ملبياً للمتطلبات الأخلاقية للتبادل المفتوح مع ضرورة الاستناد إلى بيانات قاطعة. كما يجب على الابتكار أن يدعم تمحيص الحقائق والواقع، وأن يستخدم منهجيات متينة وأن يكون منفتحا على النقاش الصريح مع إلزامية وضع المصلحة العامة فوق مصالح مختلف الأطراف.

الأخلاقيات الاقتصادية:
الملك العام والقيمة السوقية الاقتصادية

١٦. المياه المجّانية ومخاطر سوء استخدامها

صحيح أنّ المياه تعدُّ في جوهرها، ملكاً عاماً، لكنّها تحظى أيضاً بقيمة اقتصادية، وهذه القيمة تُحدّدُ وفق معايير الندرة والتوفّر والجودة والتقلّبات الموسمية والبنية التحتيّة اللازمة للتوزيع واحتياجات السكان والصناعات والزراعات المتزامنة في مختلف مناطق العالم.

وببساطة، عندما تكون المياه مجّانية، فإنّ الأبواب تفتح على مصراعيها أمام الاستخدامات المسرفة، كالصنابير الّتي تتدفق منها المياه دون انقطاع أو التسرّبات من الشقوق الّتي لم يجر سدّها أو الاستيلاء الاحتكاريّ على الموارد البيئية من قبل المستخدمين الأقوياء أو الأكثر نفوذاً دون مراعاةٍ لما ينجرّ عنه من تكاليف على البيئة أو المجتمعات المحليّة ومن تفقير لهما.

١٧. تكلفة المياه

نكاد نجزم أنه ليس للمياه ثمن عندما تصلنا على هيئتها المعروفة، ولكن استخدامها له تكلفة حقيقية تشمل الاستثمارات المتعلقة بالاستخراج أو التجميع والترشيح عند المنبع والنقل عبر الأنابيب واقتناء أدوات لقياس الجودة والكميات المستهلكة ومعدات لتقليل النفايات واستعادة مياه الصرف الصحي ومعالجتها وإعادة تدويرها وكذلك التكاليف الإدارية اللازمة للإدارة، سواء جرى تنفيذها من قبل جهات عامة أو جرى التعاقد عليها مع جهة أو جمعيات خاصة. ويشمل كل ما سبق الاستثمارات ونفقات الصيانة والبحث والاستكشاف المتعلق بتطوير طرق الاستخدام الجديدة أو توسيعها وتقليل حجم الاستهلاك.

١٨. احتساب سعر الماء

لا بدَّ من احتساب سعر الماء وفقاً لأقصى درجات الشفافية مع الأخذ بعين الاعتبار جميع التكاليف المترتبة كالاستثمارات الأولية ونفقات التشغيل والصيانة والاستثمارات الجديدة فضلاً عن مصروفات البحث والتطوير، وهو ما من شأنه أن يحدّد بوضوح هامش ربح المشغّل المحتمل. وهذا السعر "الحقيقي" يمكنُ أن يقبله جميع المستخدمين بسهولة طالما أنهم يدركون ان المياه ذات الجودة العالية تتوفر على فوائد عديدة، مع الأخذ بعين الاعتبار ما يجري توفيره في تكاليف تنقية المياه ومعالجتها من الأمراض المنقولة بواسطة المياه. ويفترضُ هذا توفر إمكانية قياس كميات المياه المستهلكة وفوترتها وتحديد تعريفات الاستهلاك وأقساطها على نحو بسيط وواضح.

١٩. التشجيع على الاستخدام الاقتصادي للمياه

إنّ فوترة سعر الماء على قاعدة الكميّة المستهلكة يمكن أن يكون حافزاً يؤدّي إلى استخدامٍ رشيدٍ للماء فضلاً عن تحقيق التوفير في مجال الطاقة. وهذا ما ينطبق لا على ما تديره الدولة من أنظمة إمداداتٍ للمياه فحسب ولكن أيضاً على أنظمة توزيع المياه غير الرسمية (عن طريق الصفائح). وقد أثبتت أداة هيكلة تسعير الماء المتمثّلة في فوترة الماء على أقساط تصاعديّة تدرّجيّة ـ وهي أداة تهدف في واقع الأمر إلى الحد من الإفراط في الاستهلاك من خلال فرض رسوم تصاعدية ترتفع بارتفاع الاستهلاك. إضافة إلى أن تقنيات تسديد الفواتير الجديدة، الشبيهة بموزّعات "قسائم المياه" الآلية المدمجة مع منظومة الترميز والدفع الفوريّ عن طريق الهاتف الجوال، والتي تعدّ جميعها طرقاً ذات تكلفة منخفضة من شأنها ان تيسّرُ الوصول إلى الماء بسهولةٍ ودون قيود.

٢٠. مبدأ تغريم الملوّث

يجب أن يتحمّل المسؤولون عن تلوّث المياه تكاليف إزالته أو على الأقل احتوائه. ولا يمكن اللجوء إلى طلب تدخل الصناديق العمومية أو إلى التبرعات إلا في الحالات التي لا يمكن فيها تحديد المسؤولين عن التلوث.

٢١. تلبية احتياجات الفئات الأشدّ فقراً من خلال الإعانات أو القسائم ضرورة حتمية لصنّاع القرار

إن تحديد الإعانات المالية أو "القسائم" المحتملة للفئات المحرومة، فضلاً عن إنشاء أنظمة معادلة تسمح بتخصيص هذه الإعانات وقياسها منوط بعهدة صنّاع القرار السياسي. إذ يجب أن يكونوا مسؤولين أيضًا عن وضع معايير تعديل الأسعار وفقًا لمستوى الاستهلاك، بحيث يمكنهم التمييز بين كبار المستهلكين (الصناعات والمؤسسات والري) والاستخدامات الأكثر تواضعًا للأسر والشركات الصغيرة. كما يتعيّن على صنّاع القرار تنفيذ ذلك مع الأخذ بعين الاعتبار مبادئ استرداد التكلفة ضمن الميزانية العامة لنظام إمدادات المياه ومعالجتها وكذلك إعطاء الأولوية لاستخدام مياه الشرب للمستخدمين الأفراد مع ضرورة العمل على تشجيع الحد من الاستهلاك.

٢٢. البنية التحتية المائية: الانشاء والصيانة والتجديد

إن تكاليف إنشاء البنى التحتية المخصّصة لاستخراج المياه وتجميعها وحماية مصادرها ومعالجتها وتخزينها، مثل السدود والخزانات، هي تكاليف باهظة للغاية قد تترتّب عنها ديونٌ أو إعانات يتعيّن سدادها خلال مدة محددة. وثمّة أيضاً تكاليف مماثلة وهي تكاليف البنى المعدّة للحفاظ على ضغط الشبكة المنتظم وجمع المياه المستعملة ومعالجتها وربّما إعادة تدويرها أيضاً. وبهذا الخصوص، تحتاجُ شبكات الأنابيب إلى عمليّات توسيعٍ أو استبدالٍ بالكامل عند اكتشاف تسرّبات كبيرة. وفي هذا الصدد يجب أن تأخذُ الميزانية والإدارة المالية المسؤولة في اعتباراتها تكاليف التهالك والصيانة والتجديد.

و

أخلاقيات السلام:
إدارة تضارب مصالح المستخدمين ونزاعاتهم

٢٣. كميّات المياه المتاحة: عندما يتجاوز طلب العديد من المستخدمين العرض

يُعد تضارب المصالح بين مختلف أنواع الاستخدامات والنزاعات بين المستخدمين جزءًا لا يتجزأ من جميع أشكال نفاذ المجموعات البشرية إلى المياه. فالأسر تتطلّع إلى الشرب وطهي الوجبات والاستحمام وغسل الملابس والتخلّص من المياه المستعملة، والمزارعون يتوقون إلى ريّ محاصيلهم في الوقت المناسب، والصناعيون يتطلّعون إلى ترطيب منتجاتهم واستخدام المياه في تنظيف منشآتهم أو تبريدها أو تدفئتها خلال عمليّة الإنتاج، وصيّادو الأسماك يرغبون في التأكد من أنّ مياه الأنهار لم يجر استنفادها إلى درجة الجفاف، وأصحاب المراكب والناقلون يبدون انشغالهم من انخفاض مستوى المياه، وهو ما قد يعيق عمليّات النقل أو يجبرهم على التقليل من الكميّات المحمولة على متن قواربهم، والمدنُ تعملُ على تفادي الأوبئة الناتجة عن انتقال العدوى عبر المياه، وعلى التصرّف في الموارد المائية وإمداد السكان والصناعات والنوافير العامة بالمياه وتنظيف الشوارع وسقي الحدائق العامة وضمان تزويد صنابير الإطفاء وعربات رجال الأطفال بما تحتاجه من المياه. ويبدو مما تقدم صعوبة تلبية جميع هذه الطلبات الكثيرة، على نحوٍ متزامنٍ، وبالكميّات المطلوبة.

٢٤. انتشار تلوّث المياه السطحية والمياه الجوفية

يمكن أن تنشأ النزاعات أيضًا بسبب نوعيّة المياه، كما هو الشأن مع الأنهار الملوثة. قد يصيبُ التلوث المياه السطحية والمياه الجوفية على حد السواء، ويطلق على المياه الباطنية أيضاً اسم المياه الجوفية. ومن خصائص المياه أنها تسهل سرعة انتشار التلوث على نطاقٍ واسعٍ، على عكس التربة الّتي يمكن عزل التلوث فيها وتقييده والسيطرة عليه بسهولة.

٢٥. المياه بوصفها سلاحاً

في بعض الحالات، يمكنُ لمجموعة بشرية مّا أن تستخدم المياه كسلاحٍ تضغط من خلاله على مجموعةٍ أخرى أو تبتزّها أو تهددها. وهذا السلاح تعتمدُه بالخصوص المجموعات المقيمة عند منابع المياه ضدّ مجموعات أخرى تقيمُ عند مصبّاتها، أو تعتمده المجموعات المقيمة على ضفاف البحيرات ضدّ مناطق أخرى شاطئية. وقد يستخدم الماء أيضاً كسلاح من قبل الجماعات الإرهابية أو الأنظمة المتحاربة. وإذا كان صحيحاً أنّ تسميم الينابيع والأنهار على نحوٍ متعمّد يعدُّ تقليداً قديماً جدّا في الزمن، فمن الأجدر أيضاً أن نقول إنّه ما يزالُ يستخدمُ إلى الآن كسلاح من أسلحة الحرب.

٢٦. التحكيم بين مختلف المستخدمين

إنّ المسالة الرئيسية التي ستطرح في هذا السياق لا تتعلق بإمكانيّة تفادي النزاعات وإنّما بالطريقة المثلى لإدارتها. إنّ إدارة النزاعات المتعلّقة بالمياه تعني أوّلاً وقبل كلّ شيء الإقرار بوجودها، ثمّ إجراء تقييمٍ للموارد المائية المتاحة على المدى القصير والمتوسط والطويل، وأخيراً إبلاغ جميع الأطراف المعنيّة بنتائج التقييم، في إطار السعي إلى إيجاد حلول للنزاعات وطرق لفضّها.

ومن المهمّ في هذا الصدد أن يجري تفويض السلطة التي تتمتّع بأقصى درجة من الحيادية - أو على الأقلّ الّتي تحظى بأكثر قدر ممكن من الاستقلالية في مواجهة المصالح الخاصة أو القطاعية - وتؤخذُ موافقتها على التحكيم في النزاعات. ويتعيّنُ على بقية الجهات، بعد ذلك، أن تأخذ بعين الاعتبار احتياجات مختلف الأطراف والمستخدمين (أسر، صناعيين، مزارعين، مجتمعات محلية، إلخ) ومصالحهم والعمل على التوصّل إلى توافقٍ في الآراء. ولتحقيق ذلك، لا بدّ من وجود التقاءٍ في وجهات النظر فيما يتعلّق بكيفية إعطاء الأولوية لحاجيات المستخدمين وموازنتها مع ضرورة مراعاة معايير الكفاءة والشفافية والمساءلة. وعلى هذا النحو، يمكن لمستوى المرونة أن يتحسّن من ناحية التكيّف، زمنيّاً وموسميّاً، وذلك بحسب كلّ فئة من فئات المستخدمين. وبهذا الخصوص، لا بدّ من أن تنفّذ الاتفاقيّات المتعلّقة بالبحيرات والأنهار العابرة للحدود على النهج نفسه[2].

---

[2] راجع: الدراسة حول منطقة البحيرات الكبرى التي نشرتها غلوب إتكس:
Lucien Wand'Arhasima 2015, *La gouvernance éthique des ressources en eaux transfrontalières. Le cas du lac Tanganyika en Afrique*, Globethics Focus 25.

٢٧. إعطاء الأولوية لتقييم كميات المياه المتوفرة

أوّلاً وقبل كلّ شيء، لا بدّ من أن يتعلّق التقييم المزمع إجراؤه بالكميات المتاحة من المياه الصالحة للشراب بالضرورة، مقارنة بتلك الّتي لا تصلح للشراب، مع مراعاة ما يطرأ على كمّيات المياه المعنيّة من تغيّرات موسميّة.

٢٨. الترويج للنقاش المفتوح والمستنير

تأسيساً على ما سلف بيانه وعلى إثره،، سيكون من الضروريّ أن تحدّد السلطات العامة مبادئ التصرّف في الموارد المائية الأساسية من قبل السلطات العامّة، لا من قبل التكنوقراط، وأن تقتصر المساهمات المطلوبة من الخبراء على وضع إجراءات الإدارة المائية وتقييم نتائج الخيارات المتخذة. وفي هذا الإطار، لا بدّ من أن تشكّل معايير تقييم الحاجيات المختلفة وأولوَياتها موضوع نقاشٍ مفتوح ومستنير، فضلاً عن تحديد المصالح الخاصة والمصالح القطاعية وإبقائها تحت المراقبة.

ويحدثُ في أحيان كثيرة أن تكون الصلاحيّات الممنوحة للخبراء مبالغاً فيها وتنطوي على خطر فتح الباب على مصراعيه للفساد الممنهج.

٢٩. ندرة الموارد والاستهلاك الرّشيد

من المفارقة أن يسهّل الإقرارُ بندرة الموارد المائية عمليّتي تحديد الأولويّات والتوزيع الشامل للمياه. وعندما تكون الموارد غير محدودة، فإن الحاجة إلى تحديد الأولويات تبدو وكأنها ممارسة مصطنعة بل غير ضرورية وهو ما يجعل المستخدمون مترددون في الحد من استهلاكهم.

٣٠. ضرورة اعتماد تكلفة المياه الافتراضية بالكامل في التجارتين الدولية والأقاليمية

فيما يتعلق بتجارة المنتجات الزراعية والحيوانية، وهي منتجات موضوع تفاوضٍ دائمٍ بين الأقاليم والدول، ينبغي أن تأخذ البلدان المصدّرة بعين الاعتبار بصمة ندرة المياه المترتّبة عن التبادل التجاريّ وأن تعترف البلدان الموردة بتلك البصمة. كما لا ينبغي تجاهل التكاليف الناجمة عن إزالة الغابات، واستنزاف التربة، وفقدان التنوّع البيولوجي، وانخفاض منسوب المياه، أو التقليل من شانها. إنّ الاستدامة الشاملة، فضلاً عن الأضرار التي تلحق بالمزارعين الضعفاء، يجب أن تؤخذ بعين الاعتبار على نحوٍ سليمٍ، بحيث يتعين ان تكون جزءاً لا يتجزّأ من كل اتفاقيات التجارة الدوليّة.

ز

أخلاقيات الحوكمة:
تنظيم المياه وإدارتها

٣١. النقاش العام حول المياه

من مصلحة السلطات السياسية والإقليمية منها والوطنية، أن تدعو إلى عقد حلقات نقاش عامة، حول المياه تدعو إليها ممثّلين عن المستخدمين والأطراف الفاعلة للجلوس حول نفس الطاولة. ويهدف النقاش المذكور الى معرفة الموارد المائية الحالية والمستقبلية وذلك على الصعيدين الإقليمي والوطني. وتهدف حلقات النقاش إلى معرفة ما تستهلكه مجموعات المستخدمين المختلفة من أفراد وأسر ومؤسسات وصناعات ومزارعين وصناعة نقلٍ وصيادي أسماك ومؤسسات عامّة وفرق إطفاء من مياه أو ما تحتاجهُ منها. وينبغي أن يمكن هذا النوع من المنصات متعدّدة الفاعلين بخصوص وضع المياه الرّاهن دقيقاً للغاية وموثَّقاً بطريقة جيدة. كما ينبغي أن يراعي ما يطرأ على المياه من تغيّرات موسمية وأن يأخذ بعين الاعتبار البيانات التاريخية والاتجاهات المستقبلية.

٣٢. في اتجاه عدم التسامح مطلقاً مع الفساد

إنّ الفساد المتّصل بحصص المياه المسندة ومشاريع بناها التحتيّة وتشريعاتها، وما إلى ذلك، لا يؤدّي إلى فجوات خطيرة في مساري العدالة والاستدامة فحسب، بل يؤدّي أيضاً إلى الهدر والاستخدام غير الرشيد للموارد المائية. وعليه، فانه يتعيّنُ على السلطات الإقليمية والوطنية أن تجعل الحدّ من الإفلات من العقاب من بين أولويّاتها وأن تفرض عقوبات صارمة على مختلف أشكال التجاوزات، وبعبارة أخرى، يتعيّن عليها أن تعتمد سياسة عدم التسامح مطلقاً مع الفساد.

٣٣. تبنّي نمط تصرّف في المياه بالإجماع إثر مناقشته أو بقرارٍ من الأغلبيّة

هناك سلسلة من المعايير المتصلة بإدارة المياه أو التصرف فيها والتي يتعيّنُ على منصة الفاعلين المتعددين تحديدها والموافقة عليها بالإجماع. وتتعلّق المعايير الأساسية بالمساواة في الوصول إلى المياه والاستدامة وإمكانية إعادة التدوير والإنتاج والنمو والقدرة على توقع التغيّرات والتكيّف معها، وعواقب التلوّث وآثاره التي تؤدّي إلى تفاقم الاضطراب المناخي.

إثر ذلك، يتعين فسح المجالُ أمام تقييم جميع هذه القيم والمخاطر المذكورة بالإجماع، أو على الأقلّ بقرارٍ من أغلبيّة المشاركين المؤهّلين. وعلى هذا النحو، ستتمكن جميع الأطراف من أن تتبنى نمط التصرف في المياه وتتحمل مسؤوليتها.

ومن شأن هذا التسلسل الهرميّ أن يسمح بمواجهة وضعيات نقص المياه وما يترتّب عنها من منافسة حادة بين المستخدمين، وذلك بالاعتماد على طبيعة المواسم وتغيّرات المشهد العام. صحيح أنّ هذا التسلسل لا يعدُّ علاجاً خارقاً، لكنّه يظلُّ شكلاً من أشكال الضبط الذي يسمح بامتصاص الصدمات وتوقع النزاعات ذات التأثير المدمّر ومعاقبة المخالفين، هذا فضلاً عن كونه نمط حوكمة ديناميكياً ومرناً ومبتكراً وذا قابليّة للتكيّف.

٣٤. نظام عادل وموثوق لحلّ الخلافات

يتعيّن على الحكومات أن تمثّل مصالح جميع سكان بلدٍ ما أو كيان قانونيّ ما، وأن تحافظ على البيئة، هذا فضلاً عن احترام مصالح سكّان الدول المجاورة وبيئتها. على أنه عندما تتصرّف الدول بصفتها محكماً محايداً فإنه يتعين عليها تعزيز أوجه الترابط بين مختلف الاستخدامات ومجموعات المستخدمين، بل وتعزّز دعائم التضامن فيما بينهم، حين تتصرّف بصفتها محكماً محايداً، وحين تدعو الأطراف المعنية إلى الانضمام إلى منصات شاملة وحين تشجّع الجميع على التحلّي بالواقعية وعلى احترام حاجيات الآخرين.

ومن ناحية أخرى، ينبغي على الدول أن تسهر على الدقّة المنهجيّة وتسمع إلى الجميع. وبحكم موقعها المتميّز فهي قادرة على إبراز شروط التحكيم والموازنة بين المصالح المختلفة.

إنّ الدول الملتزمة الّتي تنهض بمسؤوليتها، بوصفها صانعة القرار، قادرة أكثر من غيرها على الاستفادة من نقاط الالتقاء بين الفاعلين وأيضا فهم مصالحهم المتنافسة. وفي هذا الصدد ينبغي على الدول أن تضع في اعتبارها حقيقة أنّ الفساد الذي يخدم مصالح مجموعة واحدة قادر على تدمير الثّقة المطلوبة لتنفيذ عملية التحكيم ويقوّض شرط عدم التسامح مع الفساد.

٣٥. ضرورة تنفيذ القرارات مقترنة بتدابير عقابية

تسهر الدول على وضع الإطار القانوني وفرضه على الجميع. ومن خلال هذا الإطار، يقوم النظام القضائي ـ وهو نظام يجب أن يكون محايداً الى ابعد الحدود ـ بمهمة إصدار التدابير التصحيحية ومعاقبة المخالفين. وبهذه الطريقة، سيطوّر جميع الفاعلين ثقة صلبة في الجهاز القضائي ويعاينوا بالتالي انخفاض النزاعات العنيفة إلى الحدّ الأدنى.

٣٦. المقاربة الكليّة متعددة التخصصات على المستوى المحليّ

تسهرُ الدول أيضاً على أن تكون أبعاد إدارة المياه المختلفة ـ ونعني الأبعاد التقنية والاجتماعية والقانونية والبيئية ـ جزءاً لا يتجزّأ من مقاربة شاملة، يُضمنُ تعدّد الاختصاصات فيها بفضل تدخّلات مختلف المتخصّصين وممثلي الجماعات المحليّة. وهذا من شأنه أن يجنّبها الاعتماد على نهجٍ تقنيّ صرفٍ وصياغة المسائل المتعلّقة باستخدام المياه وتوزيعها وفق مصطلحات تكنوقراطيّة بحتة.

٣٧. تعزيز المقاربة الكليّة متعددة التخصصات على المستوى الدولي

ويمكنُ تنفيذ مقاربة مماثلة، في حالات إدارة المياه، ضمن سياق دوليّ. وفي هذه الحالة، يجب تفويض مهام التحكيم إلى هيئة دولية (الاتحاد الأوروبي، الاتحاد الأفريقي، منظمات التعاون الإقليمي، إلخ) أو إلى الأمم المتحدة. وثمّة، في هذا الإطار، تحالفات متعددة الأطراف أنشئت بالفعل، نذكر من بينها، على سبيل المثال، برنامج الأمم المتحدة للبيئة، ولا بدّ من تعزيز هذا الشكل من التحالفات أكثر فأكثر، على غرار التحالف العالمي المعني بنوعية المياه، والتحالف العالمي للاقتصاد الدائري، والمبادرة العالمية للمياه المستعملة وإدارة المياه والتطهير التابعة لعقد الأمم المتحدة للمياه وغيرها.

ح

الأخلاقيات الدينية:
التقاليد والمعتقدات الروحيّة والدينية

٣٨. معاني الماء الرمزية

تعترف جميع التقاليد الروحية والدينية الكبرى بأهمية المياه الرمزيّة، في علاقتها بطقوس التطهير والانبعاث، فضلاً عن فوائدها العامة [انظر الفقرة 9 أعلاه].

٣٩. إحالات على الأديان العالمية

تتحدّثُ جميع أديان العالم عن هبة سقي الأرض من أجل تخصيبها وتمكينها من الإثمار والانبعاث (الكتاب المقدس تكوين 1؛ أيوب 5: 10؛ القرآن، سورة 21.30؛ 22.63؛ 24، 45). ومع ذلك، فإنّ المياه يُنظر إليها أيضًا بوصفها خطراً حقيقياً أو محتملاً، لا سيّما خلال أحداث الطوفان العظيم (الكتاب المقدس: تكوين 8؛ يونان 1). ويقال إنّ الإله الهندوسي نارايانا يقيم على الماء، أمّا في البوذية، فإنّ الإله بوديساتفا يقعد على اللوتس، وهو نبات مائي. علاوة على أن الطاوية تشبّهُ طريق الإنسان إلى الحياة بجدول من الماء (جوانغ زي 54 – 19/ي/49). وفي تمثّلات اليونان القديمة والديانات الإفريقية للعالم غالباً ما تتخذ الآلهة أماكن إقامتها في البحار والبحيرات والأنهار.

كما تشدّدُ العديد من الديانات على أهميّة التطهّر بالماء، فالهندوسية تعتبر الأنهار وعلى رأسها نهر الغانج مقدّسة في حين يرتبط المياه بالطهارة في شعائر الاغتسال اليهودية، وفي طقوس غسل الموتى عند المسلمين، وبشعائر العبور والانبعاث في طقسي العماد والبركات المسيحية. أما في الديانة الإسلامية فيشكل الوضوءُ مدخلاً للصلوات الخمس اليومية.

كما تحيلُ طقوس الشنتو كطقس الميسوجي إلى الماء، هذا بالإضافة إلى أن كلّ الأماكن المقدسة في الديانتين السيخية والهندوسية تشتملُ على حمامات سباحة تجري طقوس الطهارة في مياهها. أمّا الديانات التوحيدية، فجميعها تسلط الأضواء على المياه بوصفها هبة إلهيّة وتشدّد في الآن نفسه على ترشيد استخدامها وإدارة مواردها على نحو سليمٍ.

٤٠. وجوبية تقديم الماء للعطشان

تؤكد الديانات الإبراهيمية والدارمية بانتظام على وجوبيّة توفير الماء للعطشى. ولا يوجد موضع واحد في النصوص المقدَّسة يبرّر الامتناع عن إعطاء الماء للعطشان. وإضافة إلى ذلك، فهي تحرّمُ الامتناع عن تقديم الماء للعطشان، ولو كان عدوّاً (الكتاب المقدس: أمثال 25:21؛ رومية 12:20؛ حديث صحيح البخاري 3: 883)، وتحضُّ على أن يشرب العطشانُ إلى أن يرتوي.

٤١. دعوة إلى الوكالة

تشدّدُ كلّ من اليهودية والمسيحية والإسلام على مسؤولية الإنسانية بوصفها وكيلًا أميناً أو حارساً للمياه، لا بصفتها مورداً فحسب وإنّما أيضا بصفتها ملكاً عاماً.

٤٢. اهتمام غير كافٍ بـ "الشريك"

ومع أنّ التقاليد الروحيّة والدينية تقرُّ بعطش القريب وتفرض على معتنقيها إرواء عطش هذا القريب، فإنّها لم تقدّر قيمة المياه الاقتصادية حقّ قدرها بل وقلّلت من شأن بعدي الكلفة والأسواق. كما قلّلت من شأن الوصول إلى قيمة تجارية عادلة للمياه، وهو ما من شأنه أن يفتح الطريق أمام الإسراف في استغلال الماء أو التلّوث، من منطلق منطقي القوة أو اللامسوؤلية.

إنّ حالات "التضامن الموضوعي" مع الآخرين أو حالات "التضامن المعلن" مع البشر الآخرين الذين لن نلتقيهم أبداً، وإن كنّا نتقاسم معهم المياه نفسها ضمن متجمعات المياه أو أنظمتها وشبكاتها ومؤسساتها تستحقُّ أن تؤخذ بعين الاعتبار.

٤٣. الخاتمة

ينبغي أن تدعو الدول والسلطات المحلية والأصوات الدينية والأكاديمية وممثلي القطاع الخاص والمجتمع المدني والأصوات الفردية إلى استخدام المياه على نحو مسؤول ومحترم ومستدام، وأن تتعاون فيما بينها وأن ترفع جميعاً تحدّيات تجويد اقتسام الماء على نحو مستدامٍ ومنصفٍ وحقيقيّ.

Globethics

غلوب إتكس هي منظمة الأخلاقيات العالمية، مقرها الرئيسي في جنيف، لها مجلس إدارة دولي، وتحظى بوضع استشاري خاص مع المجلس الاقتصادي والاجتماعي التابع للأمم المتحدة، وتتبنى رؤية تتعلق بالقيادة الأخلاقية من أجل عالم عادل، شامل، ومستدام.

تسعى غلوب إتكس إلى توفير الموارد العلمية وبناء القدرات لتعزيز القيادة الأخلاقية والمسؤولة الاجتماعية بين النّاس، خاصة القادة منهم، فيستعلمون عن القيم الأخلاقية ويتصرّفون وفقاً لمبادئها، وهو ما من شأنه أن يساهم في بناء مجتمعات مستدامة منصفة وسلمية.

تعدّ غلوب إتكس أن الوصول المتساوي إلى موارد المعرفة في مجال الأخلاقيات التطبيقية يمكّن الأفراد والمؤسسات، داخل الاقتصاديات النامية والاقتصاديات التي تمر بمرحلة انتقالية من أن يكونوا مرئيين ومسموعين أكثر في الخطاب العالمي.

من أجل ضمان الوصول إلى مصادر المعرفة في الأخلاقيات التطبيقية، طوّرت غلوب إتكس:

مكتبة رقمية

المكتبة الرقمية العالمية الرائدة في مجال الأخلاقيات، وتضمّ أكثر من 3 ملايين وثيقة ومحتوى جرى تنسيقه خصيصاً لهذا الغرض.

منشورات غلوب إتكس

دار نشر مفتوحة أمام جميع المؤلفين المهتمين بمسائل الأخلاقيات، مع أكثر من 289 إصداراً في 11 سلسلة.

أكاديمية غلوب إتكس

دورات تدريبية عبر الإنترنت وخارجها للجميع في مجال الأخلاقيات بوصفها موضوعاً بحثيًا أو في علاقته بقطاعات معيّنة.

شبكة غلوب إتكس

شبكة عالمية من الخبراء والمؤسسات الأكاديمية والسياساتية المهتمة بتطوير أدائها والانخراط في الحوار العالمي المرتبط بمسائل الأخلاقيات.

Globethics Publications

القائمة أدناه ليست سوى عيّنة مختارة من منشوراتنا. وللاطلاع على منشوراتنا كاملة، يرجى زيارة موقعنا.

كما يمكن تنزيل جميع المجلدات مجانًا في شكل PDF من مكتبة Globethics Publications وعلى www.globethics.net/publications. ويمكن أيضا طلب النسخ المطبوعة من publications@globethics.net بأسعار خاصة لدول الجنوب.

البروفسور الدكتور فادي ضو، المدير التنفيذي. البروفسورة الدكتورة آميل آدامافي-إكويه، عميدة الدراسات الأكاديمية. الدكتور إغناش هاز، المحرر الإداري. السيد جاكوب بيلمان كويرو، مساعد المحرر.

جهة الاتصال للحصول على المخطوطات والاقتراحات: publications@globethics.net

www.globethics/publications

Globethics Publications

The list below is only a selection of our publications. To view the full collection, please visit our website.

All products are provided free of charge and can be downloaded in PDF form from the Globethics library and at www.globethics.net/publications. Bulk print copies can be ordered from *publications@globethics.net* at special rates for those from the Global South.

Prof. Dr Fadi Daou, Executive Director. Prof. Dr Amélé Adamavi-Aho Ékué, Academic Dean, Dr Ignace Haaz, Managing Editor. M. Jakob Bühlmann Quero, Editor Assistant.

Find all Series Editors: https://www.globethics.net/publish-with-us
Contact for manuscripts and suggestions: *publications@globethics.net*

Theses Series

A. Halil Thahir, *Ijtihād Maqāṣidi: The Interconnected Maṣlaḥah-Based Reconstruction of Islamic Laws*, 2019, 198pp. ISBN 978-2-88931-220-7

Paul K. Musolo W'Isuka, *Missional Encounter: Approach for Ministering to Invisible Peoples*, 2021, 462pp. ISBN: 978-2-88931-401-0

Andrew Danjuma Dewan, *Media Ethics and the Case of Ethnicity. A contextual Analysis in Plateau State, Nigeria*, 2022, 371pp. ISBN: 978-2-88931-437-9

Hassan Fartousi, *A Portrait of Trade in Cultural Goods: in Respect of the WTO and the UNESCO Instruments in the Contexts of Hard-Law and Soft-Law*, 2023, 497pp. ISBN: 978-2-88931-530-7

Alain Kusinza Nkinzo, *Celebrating the Reconciliation: Potentialities of Pentecostal Worship for Reconciliation and Peace in the Context of the Great Lakes Region*, 2023, 533pp. ISBN: 978-2-88931-541-3

Co-Publications Series

Ignace Haaz / Amélé Adamavi-Aho Ekué (Eds.), *Walking with the Earth. Intercultural Perspectives on Ethics of Ecological Caring*, 2022, 324pp. ISBN 978-2-88931-434-8

Peter Prove, Jochen Motte, Sabine Dressler and Andar Parlindungan (Eds.), *Strengthening Christian Perspectives on Human Dignity and Human Rights*, 2022, 536pp. ISBN 978-2-88931-478-2

Globethics Publications

القائمة أدناه ليست سوى عيّنة مختارة من منشوراتنا. وللاطلاع على منشوراتنا كاملة، يرجى زيارة موقعنا.

كما يمكن تنزيل جميع المجلدات مجانًا في شكل PDF من مكتبة Globethics Publications وعلى www.globethics.net/publications. ويمكن أيضا طلب النسخ المطبوعة من publications@globethics.net بأسعار خاصة لدول الجنوب.

البروفسور الدكتور فادي ضو، المدير التنفيذي. البروفسورة الدكتورة آميل آدامافي-إكويه، عميدة الدراسات الأكاديمية. الدكتور إغناش هاز، المحرر الإداري. السيد جاكوب بيلمان كويرو، مساعد المحرر.

جهة الاتصال للحصول على المخطوطات والاقتراحات: publications@globethics.net

www.globethics/publications

Globethics Publications

The list below is only a selection of our publications. To view the full collection, please visit our website.

All products are provided free of charge and can be downloaded in PDF form from the Globethics library and at www.globethics.net/publications. Bulk print copies can be ordered from *publications@globethics.net* at special rates for those from the Global South.

Prof. Dr Fadi Daou, Executive Director. Prof. Dr Amélé Adamavi-Aho Ékué, Academic Dean, Dr Ignace Haaz, Managing Editor. M. Jakob Bühlmann Quero, Editor Assistant.

Find all Series Editors: https://www.globethics.net/publish-with-us
Contact for manuscripts and suggestions: *publications@globethics.net*

Theses Series

A. Halil Thahir, *Ijtihād Maqāṣidi: The Interconnected Maṣlaḥah-Based Reconstruction of Islamic Laws*, 2019, 198pp. ISBN 978-2-88931-220-7

Paul K. Musolo W'Isuka, *Missional Encounter: Approach for Ministering to Invisible Peoples*, 2021, 462pp. ISBN: 978-2-88931-401-0

Andrew Danjuma Dewan, *Media Ethics and the Case of Ethnicity. A contextual Analysis in Plateau State, Nigeria*, 2022, 371pp. ISBN: 978-2-88931-437-9

Hassan Fartousi, *A Portrait of Trade in Cultural Goods: in Respect of the WTO and the UNESCO Instruments in the Contexts of Hard-Law and Soft-Law*, 2023, 497pp. ISBN: 978-2-88931-530-7

Alain Kusinza Nkinzo, *Celebrating the Reconciliation: Potentialities of Pentecostal Worship for Reconciliation and Peace in the Context of the Great Lakes Region*, 2023, 533pp. ISBN: 978-2-88931-541-3

Co-Publications Series

Ignace Haaz / Amélé Adamavi-Aho Ekué (Eds.), *Walking with the Earth. Intercultural Perspectives on Ethics of Ecological Caring*, 2022, 324pp. ISBN 978-2-88931-434-8

Peter Prove, Jochen Motte, Sabine Dressler and Andar Parlindungan (Eds.), *Strengthening Christian Perspectives on Human Dignity and Human Rights*, 2022, 536pp. ISBN 978-2-88931-478-2

You Bin, *Christian Liturgy, Chinese Catechism 4*, 2023, 222pp. ISBN: 978-2-88931-509-3

Ignace Haaz / Jakob Bühlmann Quero / Khushwant Singh (Eds.), *Ethics and Overcoming Odious Passions Mitigating Radicalisation and Extremism through Shared Human Values in Education*, 2023, 270pp. ISBN 978-2-88931-533-8

Higher Education Series

Education Ethics

Divya Singh / Christoph Stückelberger (Eds.), *Ethics in Higher Education Values-driven Leaders for the Future*, 2017, 367pp. ISBN: 978–2–88931–165–1

Christoph Stückelberger, Joseph Galgalo and Samuel Kobia (Eds.), *Leadership with Integrity: Higher Education from Vocation to Funding*, 2021, 280pp. ISBN: 978-2-88931-389-1

Erin Green / Divya Singh / Roland Chia (Eds.), *AI and Ethics and Higher Education Good Practice and Guidance for Educators, Learners, and Institutions*, 2022, 324pp. ISBN 978-2-88931-442-3

Amélé Adamavi-Aho Ekué, Divya Singh, and Jane Usher (Eds.), *Leading Ethical Leaders: Higher Education Institutions, Business Schools and the Sustainable Development Goals*, 2023, 626pp. ISBN 978-2-88931-521-5

Education Praxis

Bruno Frischherz, Liu Baocheng, Li Xiaosong, Anoosha Makka, Gordon Millar, Martin Brasser and Menno Brouwer, *Intercultural Business Ethics (IBE). A Teaching Handbook*, 2022, 130pp. ISBN 978-2-88931-499-7

Journal of Ethics in Higher Education

https://www.globethics.net/jehe
ISSN: 2813-4389

No. 2 (2023)// Values and Power Dynamics of Languages in Higher Education

This is only a selection of our latest publications, to view our full collection please visit:

www.globethics.net/publications